Sitzungsberichte
der Heidelberger Akademie der Wissenschaften
Stiftung Heinrich Lanz
Mathematisch-naturwissenschaftliche Klasse
Jahrgang 1927. 13. Abhandlung.

Elektrische Potentialdifferenzen an der Einzelzelle

Von

Ludwig Jost
in Heidelberg

(Mit 5 Figuren)

Eingegangen am 3. November 1927

Berlin und Leipzig 1927
Walter de Gruyter & Co.
vormals G. J. Göschen'sche Verlagshandlung / J. Guttentag, Verlagsbuchhandlung / Georg Reimer / Karl J. Trübner / Veit & Comp.

Elektrische Potentialdifferenzen an der Einzelzelle.

Die elektrischen Potentialdifferenzen, die man am lebenden Organismus manchmal ohne weiteres, manchmal erst nach Verletzung oder anderer Reizung nachweisen kann, haben ihre Ursache in letzter Linie darin, daß irgendwelche „Membranen" eine Ungleichheit in der Verteilung der positiv und negativ geladenen Ionen bedingen. Darüber herrscht keine Meinungsverschiedenheit mehr. Dagegen ist noch strittig, worauf im einzelnen diese Ungleichheit beruht, ob auf partieller Durchlässigkeit der Membranen für einzelne Ionen oder auf ungleicher Absorption oder Löslichkeit in den Membranen. Die vorliegende Arbeit läßt dieses Problem unberücksichtigt, beschäftigt sich vielmehr mit der ganz anderen, ebenfalls noch ungelösten Frage, wo denn nun eigentlich diese Membranen zu suchen sind.

Es ist kaum daran zu zweifeln, daß die Mehrzahl der Physiologen das Protoplasma der Zelle als die wirksame Membran betrachtet; das ergibt sich sehr deutlich z. B. aus den Ausführungen BERNSTEINS (1912, S. 93), TSCHERMAKS (1924) und HÖBERS (1926). Aber gerade in neuester Zeit sind auch andere Stimmen laut geworden: So hat BEUTNER, dessen Untersuchungen ja eine besonders große Bedeutung für den ganzen Fragenkomplex der Elektrobiologie haben, bei einem vieluntersuchten pflanzlichen Objekt, dem Apfel, die wirksame Membran in der Zellhaut gesucht. Die Kutikula soll säurehaltig, die Zellhäute des Fruchtfleisches sollen säurefrei sein; beide zusammen sollen wie das säurehaltige und säurearme Nitrobenzol in der CREMERschen Kette wirken. Und unlängst hat FUJITA (1925), ohne im einzelnen die Vorstellungen BEUTNERS zu teilen, in der Kutikula des Apfels die wirksame Membran zu finden geglaubt und mit größter Deutlichkeit ausgesprochen, „daß die wirksame Membran keine protoplasmaähnliche Struktur haben kann". — Keiner der beiden Autoren äußert sich aber darüber, ob er nur in dem speziellen Fall oder allgemein bei bioelektrischen Potentialen tote Membranen maßgebend sein läßt. Ich habe bereits anderwärts Stellung zu diesen beiden Arbeiten genommen (JOST 1926).

Wenn aber im allgemeinen das Protoplasma die wirksame Membran ist, dann muß angenommen werden, daß auch an der einzelnen

Zelle die gleichen Potentialdifferenzen auftreten können, wie an einem ganzen Apfel, einem Muskel, einem Nerven. In der Tat basieren denn auch die so anschaulichen Schemata TSCHERMAKS z. T. auf der Einzelzelle (TSCHERMAK 1924, Fig. 16A). Das semipermeable Plasma einer Zelle läßt positive Ionen durchtreten, negative nicht oder weniger, und so kommt es zu einem Potentialsprung. Wenn TSCHERMAK z. B. S. 600 schreibt: „Hier sei nur daran erinnert, daß sich lädiertes, abgestorbenes Protoplasma, so der Querschnitt einer tierischen oder pflanzlichen Zelle oder Faser äußerlich negativ verhält zu dieser ruhenden intakten Partie“, so klingt das, als ob ihm Beobachtungen an Einzelzellen vorgelegen hätten, und in der Tat hat er — wie ich auf Grund mündlicher Mitteilungen weiß —an einer geeigneten tierischen Eizelle entsprechende Erfahrungen gesammelt, die bisher nicht publiziert sind. Veröffentlichungen über elektrische Potentiale an Einzelzellen scheinen aber überhaupt nur ganz wenige vorzuliegen. Zwar findet sich in NAGELS Handbuch Bd. 4, S. 664 in dem Abschnitt über „Protoplasmabewegung“ von WEISS der Satz: „Demarkationsströme sind schon sehr frühzeitig an verletzten Zellen beobachtet worden (MATTEUCCI, BUFF, HERMANN)“; sieht man aber bei den genannten Autoren nach, so zeigt sich, daß sie immer mit einer Vielzahl von Zellen, einem Zellgewebe operiert haben, und von der „Zelle“ nur in dem Sinne gesprochen wird, als eben nicht Muskeln oder Nerven, sondern typische Pflanzenzellen zu den Versuchen dienten. — Auch HÖBER (1926, S. 732) betont, daß die Plasmahaut der Sitz der elektromotorischen Kräfte sei, aber ein Beispiel dafür, daß solche Kräfte an einer einzelnen Zelle nachgewiesen seien, führt er nicht an. Bei anderen Autoren findet sich die Bemerkung, daß das auch nicht möglich sei, weil die Zellen zu klein seien.[1]) Meines Wissens die einzigen in der Literatur erwähnten Versuche, an einer Einzelzelle elektrische Potentialdifferenz nachzuweisen, stammen von HAAKE, HÖRMANN und OSTERHOUT. HAAKE (1892, S. 479) hat in seiner Abhandlung über die Ursachen elektrischer Ströme in Pflanzen einen besonderen kleinen Abschnitt den „Versuchen an einzelnen Zellen“ gewidmet. Er zeigt hier, daß an der Internodialzelle von Nitella Potentialdifferenzen existieren und daß durch Chloroformdämpfe Störungen des elektrischen Gleichgewichts erfolgen. HÖRMANN (1898) hat gleichfalls mit Nitella gearbeitet. Er hat eine lange Internodialzelle durch Gleichstrom elektrisch an einem Ende gereizt und sah dann die benachbarten ungereizten Teile derselben negativ werden gegenüber den noch weiter von der Reizstelle entfernten. OSTERHOUT (1925) hat in die große Zelle

[1]) So äußert sich z. B. VERWORN 1901, S. 277 und BRÜNINGS 1903, S. 250.

der Alge Valonia eine Elektrode eingeführt und hat dann von innen und von außen abgeleitet. Merkwürdigerweise war aber sein Resultat negativ, insofern als er nur ganz kleine Spannungen fand. In neuester Zeit haben Ettisch und Peterfi (1926) mit Hilfe von Mikroelektroden besonderer Konstruktion nach Potentialdifferenzen im Innern von Zellen gesucht.

Wenn nun im folgenden tatsächlich an der Einzelzelle Potentiale nachgewiesen werden, die an Größe denen an vielzelligem Gewebe nicht nachstehen, ja sogar sie gelegentlich übertreffen, so mag das manchem vielleicht einfach selbstverständlich erscheinen; mir war es wichtig, einmal im Hinblick auf das negative Ergebnis Osterhouts, andererseits auch wegen des Verständnisses des Verwundungseffektes an Geweben, bei dem, auch abgesehen von den oben angeführten Vorstellungen Beutners, noch gewisse Unklarheiten darüber bestanden, wo man eigentlich die wirksame Membran zu suchen habe.

Meine Versuche begannen mit der Meeresalge Valonia, deren Zellen durch Größe und Handlichkeit geradezu zu solchen herausfordern. Da sie aber, wie bei Osterhout, negativ ausfielen, soll erst später über sie berichtet werden und zunächst von Chara die Rede sein. Es wurden die Internodialzellen der unberindeten Chara coronata benutzt. Jedenfalls hätte eine Nitella den gleichen Dienst getan. Chara coronata wurde gewählt, weil sie gerade in einer guten Kultur zur Verfügung stand. Einzelne Internodialzellen wurden in der Weise gewonnen, daß die beiden anstoßenden Internodien durchschnitten und die an beiden Knoten sitzenden Blätter kurz abgeschnitten wurden. Strenggenommen ist das Versuchsobjekt also keine Einzelzelle, sondern es sitzen ihm oben und unten die Zellen der Stengelknoten und mindestens der Basalknoten der Blätter an. Alle diese Zellen zu entfernen wäre schwierig und auch wohl nutzlos gewesen; sie treten an Masse gegenüber der Internodialzelle völlig zurück. Letztere ist mehrere Zentimeter lang und etwa $^3/_4$ mm dick; es läßt sich also gut mit ihr hantieren. Zum Zweck von Potentialmessungen kamen diese Zellen in Paraffintröge, die in der Regel auf einer Glasplatte montiert waren. Gewöhnlich waren vier kleine Behälter 1 bis 4 von Paraffinwänden getrennt etwa in Anordnung der Fig. 1 gegeben. In 1 und 4 kam Leitungswasser, in das die Pinselelektroden eintauchten. Die Wand zwischen 2 und 3 hatte eine niedrigere Stelle; anfangs wurde die Zelle einfach über diesen Steg

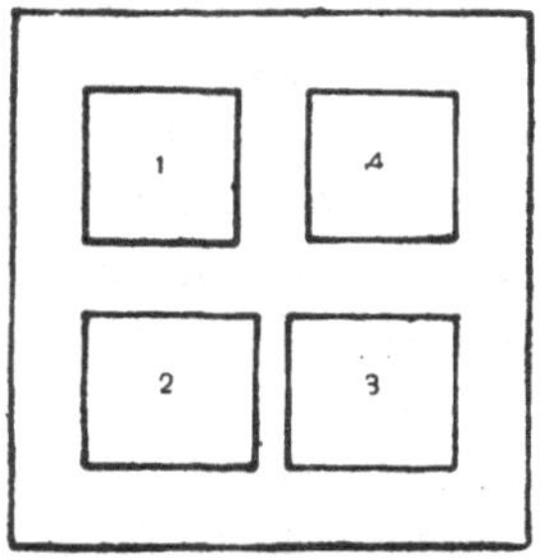

Fig. 1. Erklärung im Text.

herüber gelegt, nachdem sie mit Filtrierpapier abgetrocknet war, und die Flüssigkeit in 2 und 3 wurde etwas entfernt von dem Steg gehalten. Selbstverständlich bestand aber so immer die Gefahr, daß die beiden Lösungen sich an dieser Stelle berührten und vermischten. Deshalb wurde späterhin die Mitte der Zelle nach dem Vorgang von HÖRMANN in Vaseline eingedrückt, die dem Steg aufgesetzt war. Manchmal kam oben auf die Vaseline noch ein ganz kleines Deckgläschen. Die Imbibition der Zellhaut mit Wasser macht auch so noch einen wirklich dichten Abschluß unmöglich, doch zeigte sich ein guter Erfolg mit dieser Methode. In 2 und 3 kam zunächst Leitungswasser, und dann wurde 2 mit 1 und 3 mit 4 je mit einem kleinen Heber verbunden, in dem 2 % Agar in Leitungswasser sich befand. Die Messungen wurden mit dem Kapillarelektrometer und der bekannten Poggendorfschen Kompensationsschaltung[1]) ausgeführt. Ein Millimeter auf dem Meßdraht entsprach 2 Millivolt. Demnach konnte ein Millivolt mit großer Sicherheit nachgewiesen werden, doch genügte die Ablesung von ganzen Teilstrichen, also 2 Millivolt, vollkommen.

I. Konzentrationseffekt mit Salzen.

Zunächst sei über den sog. Konzentrationseffekt berichtet. Beide Behälter 2 und 3 erhielten den gleichen Stoff, jedoch in ungleicher Konzentration. Die linke Seite der Zelle, also der Behälter 2, war mit der Kapillare des Elektrometers verbunden. In der Folge wird immer zuerst die in Behälter 2, dann die in 3 enthaltene Konzentration aufgeführt.

Unmittelbar nach der Isolierung der Zelle ist gewöhnlich eine Potentialdifferenz zwischen beiden Enden vorhanden. Diese gleicht sich im Laufe eines Tages meistens völlig aus, doch können beim Einlegen in die Paraffinbehälter neue Differenzen entstehen, die aber in ganz kurzer Zeit schwinden. Zellen, bei denen kleine Differenzen von wenigen Millivolt erhalten blieben, konnten ohne Bedenken zu Versuchen verwendet werden; bei größerer Differenz wurden die Zellen nicht benutzt.

Zunächst sei ein Versuch etwas ausführlicher wiedergegeben.

Versuch 1.

Bei direkter Berührung der Elektroden wurden auf der Brücke 512 mm abgelesen:

a) Nach Einschaltung einer Charazelle zwischen 0.1 KCl und 0.1 KCl ergab sich . . . . 508 mm; also links + 8 MV,
Strom umgekehrt . . . . 515 „ ; „ „ − 6 „
Strom wie zuerst . . . . 509 „ ; „ „ + 6 „

b) 0.01 KCl / 0.1 KCl 499 mm; also verdünnte Lösung + 20 MV,
5 Minuten später. 497 „ ; „ „ „ + 24 „

---

[1]) MICHAELIS 1926.

c) 0.001 KCl / 0.1 KCl 486 mm; also verdünnte Lösung + 52 MV,
nach einer Stunde 493 „ ; „ „ „ + 32 „
d) 0.1 KCl / 0.1 KCl 515 „ ;
Elektroden am Schluß 512 mm.

Der Effekt ist also annähernd reversibel.

Ein zweiter Versuch sei noch angeführt, um eine Vorstellung zu geben von der Dauer der Potentialdifferenz bei dauernder Konzentrationsdifferenz in der Flüssigkeit, die die beiden Zellenden umgab, zugleich auch von den Unterschieden zwischen den einzelnen Internodien einer Pflanze. Abb. 2 stellt graphisch die Ergebnisse dar, die am Internodium 1, 3, 5, 9 und 13 erhalten wurden. Es zeigt sich, daß allgemein sofort nach Anbringen der Konzentrationsdifferenz ein hoher negativer Ausschlag eintritt, der dann rasch zurückgeht und mit kleinen Schwankungen eine Stunde lang sich auf einer gewissen Höhe hält. Während die Internodien 1, 5, 9 fast gleiche Werte ergeben, ist 3 durch besonders hohe, das älteste (13) durch besonders niedere Ausschläge gekennzeichnet.

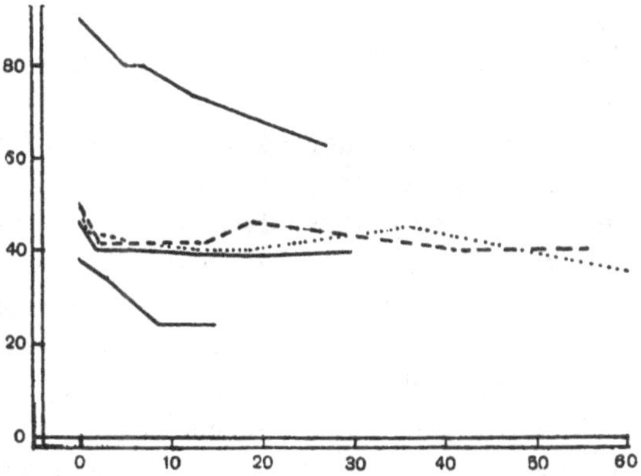

Fig. 2. Konzentrationseffekt (KCl 0.1/KCl 0.01) von fünf Internodien einer Chara. Abszisse: Zeit in Minuten. Ordinaten: Millivolt.

.... Internodium 1 (jüngstes)
——— (ganz oben) Internodium 3
- - - - - Internodium 5
——— (Mitte) Internodium 9
——— (ganz unten) Internodium 13

Von den übrigen Versuchen sei nur gesagt, daß sie + 40, + 28, + 26, + 12, + 8 Millivolt bei 0.01 gegen 0.1 KCl. ergaben. Die Versuche zeigen also allgemein, daß die konzentrierte Lösung Negativität erzeugt, und daß diese zunächst zu hoch ausfällt, so daß dem ersten Ausschlag stets ein Zurückgehen folgt. Die Werte sind aber weit entfernt von einer Gleichmäßigkeit; doch weiß man ja z. B. vom Verwundungseffekt beim Apfel, daß dieser nach Sorten und Individuen auch weit auseinandergehende Werte ergibt. Für den Konzentrationseffekt hat Beutner nur bei Ficus über mehrere Blätter berichtet, und da hat er überall sehr ähnliche Zahlen erhalten.

Wurde die Konzentrationsdifferenz an derselben Zelle gesteigert, so nahm auch die Potentialdifferenz zu, z. B. KCl 0.01 gegen 0.1 + 8;

KCl 0.001 gegen 0.1 + 16. Diese letzte Zelle wurde dann, nachdem alle bisher erwähnten Versuche noch ohne Vaselineabschluß der beiden Hälften ausgeführt waren, in der oben (S. 6) erwähnten Weise in Vaseline eingebettet. Die beobachtete elektromotorische Kraft stieg von 16 auf 38 Millivolt. Somit wären auch bei den anderen Zellen zweifellos erheblich höhere Werte als die angegebenen zu erzielen gewesen.

Bei einer Konzentrationsdifferenz von KCl $^1/_{10}$ gegen $^1/_{1250}$ hat BEUTNER beim Apfel 97 Millivolt, bei der Tomate 90, bei Ficus 86—91 und bei einer Weide 82 Millivolt gefunden. Bedenkt man, daß er bei Muskeln gar keinen Effekt fand und daß die pflanzlichen Objekte alle mit einer starken Kutikula ausgestattet sind, so erscheint es nicht merkwürdig, daß die bei Chara erhaltenen Werte erheblich geringer sind als die BEUTNERS.

Nach den Ausführungen BEUTNERS (S. 63) sind KCl-Lösungen besonders geeignet zum Nachweis von Konzentrationseffekten, weil hier die Wanderungsgeschwindigkeit beider Ionen gleich ist. Doch kann man auch bei anderen Salzen den Effekt bekommen. Hierfür einige Beispiele: $CaCl_2$ 0.01 gegen 0.1 gab + 20 MVolt und blieb 8 Minuten lang stationär; als dann die Lösungen durch KCl 0.01 bzw. 0.1 ersetzt wurden, stieg die Potentialdifferenz auf + 48 MVolt und war nach 50 Minuten auf + 34 gesunken. K_2SO_4 0.01 gegen 0.1 gab 36 MVolt, KJ 0.01 gegen 0.1 einen sehr großen, aber sehr wenig konstanten Effekt: sofort nach Einführung in die Lösung + 108, dann in 4 Minuten Sinken auf + 20; dieser Wert aber war noch nach Stunden erhalten.

III. Wirkung verschiedener Salze.

Grundlegend sind hier die Erfahrungen HÖBERS (1905), der zeigte, daß die Anionen und Kationen in eine Reihe gebracht werden können, in der das links stehende Ion jeweils negativierend, das rechts stehende also positivierend wirkt. Unter Hinweis auf HÖBER sei nur gesagt, daß für Kationen die Reihe — K, Na, Ba, Ca, Mg + lautet, für Anionen — SO_4, Cl, NO_3, SCN +. HÖBER hat seine Resultate in der Weise erhalten, daß er den Muskel am einen Ende dauernd mit 0.1 KCl in Berührung brachte und auf das andere verschiedene Salze in 0.1 mol Lösung einwirken ließ. — Entsprechende Versuche gibt BEUTNER auch für ein pflanzliches Objekt, das Blatt von Ficus elastica. Als Ergebnis seiner Messungen teilt er mit: KCl 13, NaCl 30, $BaCl_2$ 48, Ca Cl_2 54 und $MgCl_2$ 56 MVolt. D. h. also: schon bei zweiseitiger Ableitung mit 0.1 KCl war eine Potentialdifferenz von 13 MVolt vorhanden. NaCl gab dann gegen KCl + 17, $MgCl_2$ + 43 MVolt usf. BEUTNER (S. 31) fügt hinzu, daß diese Werte besser konstant, reproduzierbar und reversibel waren, wie diejenigen, die man bei tierischen Organen messen kann. Aber offenbar ist Ficus eine Ausnahme, denn BEUTNER fährt fort: „Im allgemeinen sind an Pflanzen die elektromotorischen Effekte verschiedener Salzlösungen gegeneinander, bei gleicher Konzentration derselben gering, so z. B. beobachtete man an einem Apfel mit 0.1 NaCl gegen 0.1 NaSCN nur 5 MVolt, mit NaCl gegen KCl nur 7 MVolt, während tierische Objekte hiermit große Kräfte ergeben.“

Es war von Interesse, auch das Verhalten der Charazelle zu verschiedenen Salzen zu prüfen. Meine Versuche sind aber leider am Ende des Sommers, zu einer Zeit ausgeführt, wo auch andere elektrische Vorgänge, z. B. der alsbald zu schildernde Verwundungseffekt, nur unsicher zu erhalten waren. So ist es verständlich, daß sie zu einem abschließenden Resultate nicht geführt haben. Ich behalte mir vor, auf sie zurückzukommen und führe jetzt nur einige Beispiele an, die das erwartete Resultat ergaben, bemerke aber, daß auch mit den angeführten Salzen gelegentlich ohne erkennbare Ursache andere Resultate gewonnen wurden[1]) und daß allgemein weder die Reversibilität, noch die Reproduzierbarkeit so waren, daß man die Ionen in eine Reihe hätte anordnen können.[2])

1. Beide Zellenden bisher in NaCl 0.1, jetzt links KCl 0.1; sofort — 48; in der nächsten Minute sinkend auf — 40 MV.

2. Beide Zellenden bisher in Ringerlösung (100 cbcm 0.1 NaCl + 3 cbcm 0.1 KCl + 2 cbcm 0.1 $CaCl_2$), jetzt links KCl 0.1; sofort — 22 MV, in der nächsten Minute noch weiter steigend auf — 28 MV.; dann fallend.

3. Beide Zellen bisher in Wasser, jetzt links KNO_3 0.1, rechts Li NO_3 0.1. Das Ergebnis ist in Kurve 3 dargestellt. Das Kalium bewirkt starke Negativität, die alsbald zurückgeht und sich dann längere Zeit annähernd konstant hält. Nach Ersatz des K durch Li tritt ein positiver Ausschlag auf.

4. Beide Zellen bisher in Ringer-Lösung 0.01, nun links KCl 0.01, später $LiNO_3$ 0.01, dann wieder KCl 0.01 und schließlich wieder Ringer-Lösung. Die Kurve 4 zeigt den negativierenden Effekt des K den positivierenden des Li, ohne daß der Nullpunkt erreicht wird; erneute etwa ebenso starke Negativierung durch K und abermalige Positivierung durch Ringer.

5. Endlich ein Beispiel für die Wirkung der Anionen. Die Zelle war bisher in Wasser; nun wird links Cyankalium, rechts Kaliumsulfat zugesetzt. Die Kurven (Fig. 5) zeigen für zwei Versuche übereinstimmend die positivierende Wirkung des Cyans, die verhältnismäßig gute Reversibilität nach Ersatz der Salze durch Wasser, und die Negativität, die dann die gleiche Zellhälfte, die bisher positiv war, unter Einwirkung des Sulfats zeigt. Der eine Versuch wurde noch fortgesetzt: nach abermaliger Wassereinwirkung wurde nochmals Cyan gegen Sulfat eingesetzt; diesmal fällt der positive Ausschlag viel geringer aus und klingt im Laufe einer

---

[1]) Vgl. Anm. 1 S. 13.

[2]) Bei einzelnen Zellen kam es vor, daß überhaupt keine sicheren Potentiale abgelesen werden konnten; vielmehr war ständiges Schwanken in kurzen Zeiträumen zu beobachten. Schon HAAKE (S. 480) hat diese Erfahrung gemacht.

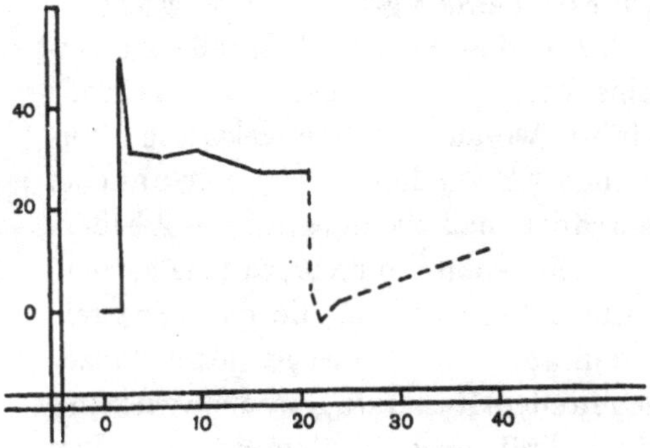

Fig. 3.

——— KNO_3 0.1 / $LiNO_3$ 0.1
- - - - $LiNO_3$ 0.1 / KNO_3 0.1.

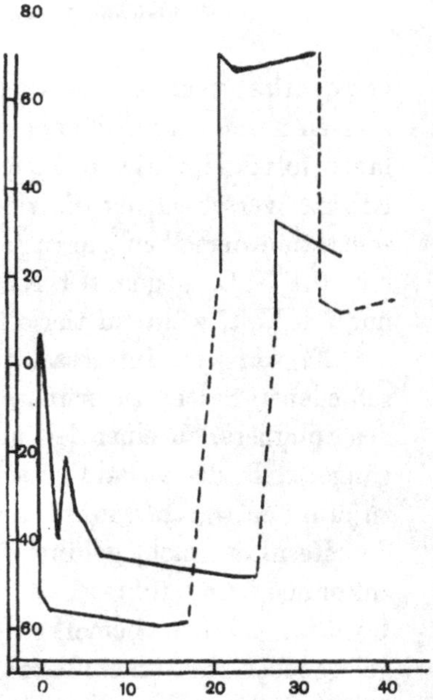

Fig. 5. Zwei Zellen von Chara.

——— KCNS 0.1 / K_2SO_4
- - - - Wasser/Wasser
——— K_2SO_4 0.1 / KCNS 0.1
- - - - Wasser/Wasser.

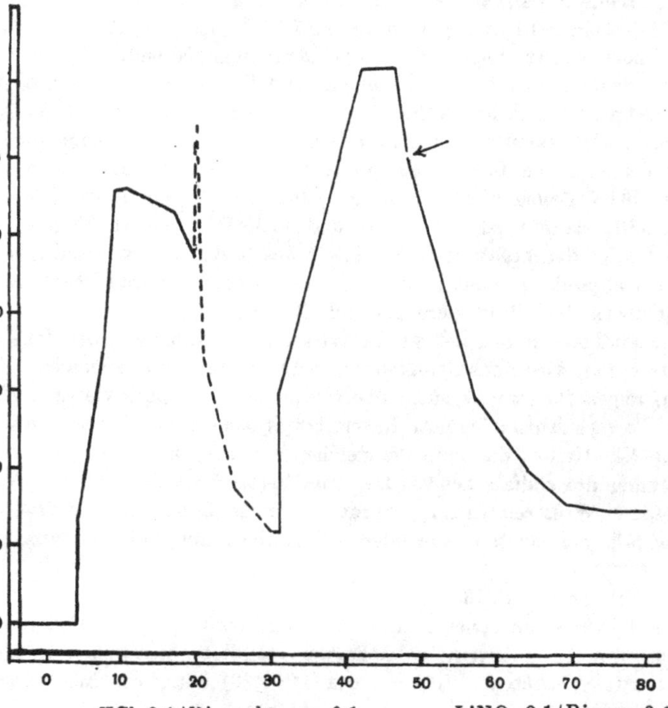

Fig. 4. ——— KCl 0.1 / Ringerlösung 0.1 - - - - $LiNO_3$ 0.1 / Ringer 0.1
——— KCl 0.1 / Ringer 0.1 bei ↙ KCl durch Ringer ersetzt.

weiteren Stunde aus. Es sei noch bemerkt, daß die Zelle noch völlig gesund aussah und lebhaft strömte.

Ein Blick auf diese Kurven läßt noch erkennen, daß ähnlich wie beim Konzentrationseffekt auch die Salzwirkung gewöhnlich übers Ziel hinausschießt. Es folgt also dem ersten Ausschlag immer eine stärkere oder schwächere rückläufige Bewegung. Wirklich konstante Werte freilich wurden nicht erhalten. Ähnliches hat HÖBER bei Einwirkung der Rhodansalze auf Muskeln beobachtet.

III. Die Wirkung von Nichtelektrolyten.

BEUTNER (S. 55) hat gezeigt, daß auch Nichtelektrolyte einen Konzentrationseffekt geben, und zwar soll das nur für solche gelten, die in die Zelle eindringen, während Zucker z. B. keinen Erfolg hat. An einem Apfel waren zwischen 0.1 mol und 0.01 mol NaCl 92 MVolt gemessen. Darauf wurde zu der 0.01 mol Lösung so viel Rohrzucker zugesetzt, daß die Gesamtkonzentration etwas über 0.5 mol war. Die elektromotorische Kraft blieb völlig ungeändert.

„Ebenso wie Zucker verhalten sich — so schreibt BEUTNER S. 55 — Harnstoff und Glyzerin, die durch die Zellwand nicht hindurchzugehen vermögen.“ Gemeint ist vermutlich die Plasmahaut und nicht die Zellwand; aber es ist bekannt, daß auch diese gerade für Glyzerin und Harnstoff relativ leicht permeabel ist.

Andere Resultate erhielt BEUTNER mit Alkohol. Der Apfel befand sich zwischen 0.1 und 0.001 NaCl und gab — 119 MVolt. Nach Zusatz von

5 %	Aethylalkohol	zur Lösung	0.001	sank die Kraft auf	— 117,
10 %	„	„ „	0.001	„ „ „ „	— 110,
20 %	„	„ „	0.001	„ „ „ „	— 99,
40 %	„	„ „	0.001	„ „ „ „	— 83.

Der Alkohol hat die E. M. K. vermindert, er wirkt also negativierend. Das Absinken ist wenigstens bei den niedrigen Alkoholkonzentrationen reversibel.

Die Versuche an Chara wurden in einfacherer Weise ausgeführt als die BEUTNERS, d. h. ohne die Komplikation durch den zweiseitigen Salzzusatz. Die Charazelle wurde zwischen links Alkohol in Leitungswasser und rechts reines Leitungswasser gebracht. Einige Beispiele:

Versuch 1.

2 % Alkohol; nach 2 Min. — 4 MV.; 4 Min. — 8; 12 Min. — 14; dann in 4 % Alkohol nach 13 Min. — 16; langsam steigend; nach 31 Min. — 44; dann in 8 % Alkohol; sofort: — 48; 39 Min. — 60; dann in Wasser; nach 47 Min. — 28; 61 Min. O; 66 Min. + 14.

Versuch 2.

Zelle in Alkohol 8 %: sofort — 30 MV.; nach 2 Min. — 50 MV.; 9 Min. — 72; 35 Min. — 102; 1 h — 90; 1 h 33 — 124; 2 h 10 — 88; 3 h 10 — 24; 3 h 30 — 4. Die Zelle zeigt jetzt keine Strömung mehr und ist am nächsten Tag tot.

Versuch 3.

Zelle in 8 % Alkohol: nach 1 h — 80; 2 h — 66; 2 h 1/4 — 100; 3 h — 44; 6 h — 10. Die Zelle ist schwer geschädigt und stirbt.

Die Versuche zeigen, daß bei längerer Einwirkung die negativen Werte wieder zurückgehen, nicht selten treten dabei Schwankungen auf.

Bei kurzer Einwirkung des Alkohols tritt keine nachweisbare Schädigung der Zelle ein; so lebte die zu Versuch 1 verwendete Zelle am nächsten Tag noch und zeigte Strömung. Anders bei dauernder Einwirkung: 12 % bringt schon in 1/2 h, 6 % erst in 1 1/2 h oder später die Strömung zum Stillstand und schädigt die Zelle so, daß sie dann stirbt.

Die Versuche ergeben also ungleich höhere elektromotorische Kräfte, als BEUTNER bei Äpfeln gefunden hat. Zweifellos hängt das vor allem mit der geringen Durchlässigkeit der Apfel-Kutikula zusammen, die es dann ihrerseits erlaubt, auch Konzentrationen zu verwenden, die bei Chara momentan töten würden. Freilich sind die Werte bei Chara wenig konstant und nur nach kurzer Einwirkung des Alkohols reversibel — auch das wird zweifellos mit dem leichten Eindringen des Stoffes zusammenhängen.

Andere Nichtelektrolyte sind bis jetzt nur kursorisch untersucht worden. Für Amylalkohol ist, wie zu erwarten, eine viel stärkere Wirkung nachzuweisen. — Schon 2 % führen rasch zu —94 MVolt und später zum Tod der Zelle.

Äther 5 % gab sofort —60 MVolt und alsbald langsamen Rückgang; die Zelle blieb nach 1 1/2stündiger Einwirkung des Äthers am Leben. Harnstoff und Zucker müssen noch studiert werden; auch sie gaben vereinzelt, unter nicht näher bekannten Bedingungen, Negativität.

Man kann die Versuche mit Alkohol im Anschluß an BEUTNER als Konzentrationseffekt bezeichnen, nämlich als den Grenzfall, in dem einseitig die Konzentration Null herrscht. Wahrscheinlich aber spielen ganz andere Dinge eine Rolle als die ungleiche Konzentration. Das geht schon daraus hervor, daß beim Konzentrationseffekt die maximale elektromotorische Kraft immer sofort bei Beginn des Versuchs erreicht wurde, während bei Alkoholwirkung immer eine langsame Steigerung der Negativität erfolgt. Es sieht ganz so aus, als ob der Alkohol eine allmähliche Schädigung der Plasmahaut bewirkte, die ja auch nach etwas längerer Wirkungsdauer nicht mehr reparabel war. Auch muß erwähnt werden, daß schwächere Lösungen (1/2 %) Alkohol anscheinend immer, stärkere manchmal wenigstens anfangs positivierend wirken.[1]) Der Zustand meines Materials gestattete die weitere Verfolgung der hier sich anschließenden Fragen nicht. Ähnlich wie Alkohol wirken Kreosot und Filixsäure an Muskeln; das erstere ist schon lange in Gebrauch, die zweite ist von STRAUB (1902) genauer studiert worden.

IV. Der Verwundungseffekt.

Im Gegensatz zu den großen Zellen der Siphoneen stirbt die Charazelle sofort, wenn sie angeschnitten wird; jegliche Restitution fehlt bei ihr. Demnach schien es wenig aussichtsreich, an einer durch einen Schnitt oder sonstwie verletzten Zelle nach dem elektrischen Verwundungseffekt zu suchen. Da dieser sich aber an Blättern oder an Früchten nicht nur unmittelbar auf die verletzte Stelle beschränkt, die auftretende Negativität sich vielmehr auf eine nicht ganz kleine Strecke von der Wunde aus fortpflanzt, so schien es möglich, mit zwei Internodialzellen von Chara zu arbeiten, von denen die eine a wie bisher in der Mitte mit Vaseline zwischen den beiden Behältern 2 und 3 befestigt wurde, während die andere b ganz im Behälter 2 eingeschlossen blieb. Diese letztere war dazu bestimmt, verwundet zu werden, und es war festzustellen, ob nach einem solchen Eingriff an der Zelle a Potentialdifferenzen auftraten. In der Tat war das der Fall und es wurde, wie erwartet, das der durchschnittenen Zelle b benachbarte Ende von a negativ.[2]) Immer trat diese Negativität ganz plötzlich auf und nahm dann bald wieder ab, während z. B. die Alkoholwirkung sich ja langsam steigerte, einen Höhepunkt erreichte und dann erst abfiel.

In verschiedenen Versuchen wurden elektromotorische Kräfte von folgender Größe erhalten: —68, —116, —32, —84, —198, —86, —36 MV. Es fällt auch hier wieder der bei verschiedenen Individuen verschieden hohe Wert auf; zudem ist hier mit —198 der höchste je gemessene Wert verzeichnet. — Über das Abklingen der Negativität geben folgende Angaben Aufschluß:

Sofort — 116 MV., nach 3 Min. — 90, nach 7 Min. — 78, nach 21 Min. — 58, nach 41 Min. — 16; sofort — 32, nach 2 Min. — 32, nach 12 Min. — 4; sofort — 84, nach 2 h — 20.

---

[1]) Derartige Beobachtungen über unerwartete Ausschläge sind schon mehrfach in der Literatur erwähnt (KUNKEL 1878, S. 5; HAAKE 1892, S. 458; KLEIN 1898). Nach STERN 1924, Elektrophysiologie der Pflanzen wäre auch BOSE hier zu nennen.

[2]) Es ist anzunehmen, daß bereits HERMANN (1871) in ähnlicher Weise einen Verwundungseffekt bei Characeen festgestellt hat. Er gibt nur ganz kurz an, „nach erfolgreichen Versuchen an Internodien der Charen wandte ich mich ... |.“

Den gleichen Erfolg wie das Abschneiden des nächsten Internodiums hat auch das Abschneiden des an einem Knoten des Internodiums etwa belassenen Blattes; z. B. — 76 MVolt. Endlich hat sich auch gezeigt, daß der Verwundungseffekt sich noch weiter fortpflanzt als bis ins Nachbarinternodium. An Stelle des Behälters 2 (s. Abb. 1) wurde in einem Paraffinblock ein mehrere Zentimeter langer Behälter hergestellt, der dementsprechend mehrere Charainternodien aufnehmen konnte. Wie bisher war also das obere und untere Ende einer Zelle a durch den Steg zwischen 2 und 3 getrennt und auf diesem mit Vaseline eingedichtet, aber an das linke Ende dieser Zelle schlossen sich in einem Einzelfall noch weitere Internodien b, c, d, e an; die Blätter waren alle entfernt. Abgeleitet wurde stets an den beiden Enden der Zelle a. Die Länge der Internodien war (beginnend mit Zelle a) 14, 13, 17, 16, 14 mm. Nach Durchschneiden der Zelle e wurde an Zelle a keine Änderung des Potentials wahrgenommen.

Durchschneiden von d: sofort — 10 MV.; 2 Min. — 16, 6 Min. — 24, 9 Min. — 24.
Jetzt (nach 10 Min.) c durchschnitten; sofort — 30 MV.; 11 Min. -- 30.
Jetzt (nach 12 Min.) b durchschnitten; sofort — 84, 14 Min. — 86, 17 Min. — 56 MV.

Es zeigt sich also, daß bei weitem der beste Erfolg durch Tötung der Nachbarzelle (b) erzielt wird, daß aber eine wahrnehmbare Potentialdifferenz in a auch durch einen Schnitt in Zelle d, d. h. in einer Entfernung von 38 mm auftritt. Es findet also in der Tat eine Reizfortpflanzung statt über mehrere Zentimeter weg und durch mehrere Querwände hindurch. Die Geschwindigkeit dieser Reizleitung ist eine sehr ansehnliche, bisher von mir noch nicht gemessene; im Moment des Durchschneidens schlägt das Kapillarelektrometer negativ aus.[1])

Statt die Nachbarzelle zu durchschneiden, wurde sie in einem andern Versuch zerquetscht. Die Wundseite ergab eine Negativität von 154 MVolt, die in 17 Minuten völlig ausgeklungen war.

Nach diesen Erfolgen wurde nun doch zur Durchschneidung der einen Seite einer einzelnen Zelle geschritten; zunächst mit Zellen, die im Wasser lagen.

In einigen Fällen gelang es, wenn das Kapillarelektrometer bei Ausführung der Wunde schon eingeschaltet war, eine Negativität zu beobachten, die so rasch zurückging, daß sie nicht in der üblichen Weise durch Kompensation gemessen werden konnte. Nur nach dem Ausschlag der Quecksilbersäule, der sich am Okularmikrometer ablesen läßt, kann man sagen, daß sie in einem Fall etwa 44, im andern 34 MVolt

---

[1]) Angaben über die Reaktionsgeschwindigkeit bei WALLER (1901) für Vitissprosse.

betragen hat, in einem dritten war sie so groß, daß das Quecksilber aus dem Gesichtsfeld verschwand und in $1^1/_2$ Minuten noch nicht zurückgekehrt war. Nach 3 Minuten bestand noch immer eine Negativität von 68 MVolt.

Da aber in anderen Fällen überhaupt kein Erfolg zu erzielen war, mußte diese Methode verlassen und eine andere gesucht werden, bei der die rasche Schädigung der angeschnittenen Zelle vermieden war. Es lag nahe, die Zellen zunächst in Zuckerlösung zu bringen, die Plasmolyse erzeugt oder wenigstens den Überdruck des Zellsaftes aufhob. 10 % Rohrzucker plasmolysierte viele, aber nicht alle Internodialzellen; mit ihm wurden also die Versuche ausgeführt.

Versuch 1. Zelle in 10 % Rohrzucker.

Sofort nach Durchschneiden (links) — 64 MV., 1 Min. später — 70 MV., 3 Min. später — 54 MV., 3 Min. später — 28 MV., 26—60 Min. später — 38 MV.

Es ist also gelungen, eine länger andauernde Negativität zu erzielen, die anfangs noch etwas steigt, freilich auch sehr bald sinkt, dann aber auffallenderweise nochmals steigt und schließlich recht lange stationär bleibt.

Versuch 2. Zelle in 10 % Rohrzucker

Sofort nach Durchschneiden — 40 MV., 4 Min. später — 48 MV., 14 Min. später — 46 MV., 25 Min. später — 46 MV., 35 Min. später — 12 MV.

Versuch 3. Zelle in 10 % Rohrzucker.

Sofort nach Durchschneiden — 94 MV., 2 Min. später — 94 MV., 6 Min. später — 96 MV., 27 Min später — 44 MV.

In anderen Versuchen wurden ähnliche, in anderen geringere elektromotorische Kräfte beobachtet. Auch in 8 % und 6 % Rohrzucker trat deutliche Negativität auf. Bei der Inkonstanz der Werte kann man nicht sagen, ob die Konzentration der Zuckerlösung von wesentlichem Einfluß ist. Die 15 mit 10 % Rohrzucker ausgeführten Versuche ergaben wohl zufällig den gleichen Durchschnittswert (—46 MVolt) wie die 7 mit 8 % Rohrzucker. Mit 6 % wurde nur ein Versuch ausgeführt.

Diese Versuche entsprechen genau dem Schema TSCHERMAKS Fig. 118 B. Eine Zelle, die an der Außenfläche positiv geladen ist, wird durch einen Querschnitt einseitig geöffnet: diese Seite muß sich also negativ gegen die andere Seite verhalten. Aber auch in Zuckerlösung bleiben die ursprünglichen Verhältnisse nicht dauernd erhalten. Manchmal stirbt die Zelle rasch, manchmal bleibt sie lange Zeit am Leben. Wahrscheinlich schließen Protoplasmamassen die Öffnung, und es kann vorkommen, daß nicht nur die Negativität an der Verletzungsstelle völlig abklingt, sondern daß sie sogar Positivität Platz macht.

Weniger geeignet als Zucker war Harnstoff. Immerhin gelang es, wenigstens vereinzelt gleichen Effekt zu erzielen; so einmal mit 0.2 mol Harnstoff — 52 MVolt, ein anderes Mal — 36 MVolt in 0.175 mol. Dagegen ergab $CaCl_2$ 0.2 mol ebenso wie Rohrzucker in Knoplösung keine Resultate. Wie es scheint, wirken Elektrolyte sehr stark auf den Verwundungseffekt ein, auch dann, wenn er von der Nachbarzelle ausgeht; doch muß dieser Einfluß noch im einzelnen studiert werden.

Wurde statt des Durchschneidens der Zelle ein Einstich mit feiner Glaskapillare gemacht, so war das Resultat in Rohrzuckerlösung bei weitem nicht so einheitlich wie im ersten Fall. Wir kommen darauf zurück. Wichtiger waren Quetschversuche. Es wurde nicht, wie beim Quetschen der Nachbarzelle ein großes Stück der Zelle zerstört, sondern eine ganz lokalisierte Quetschung ausgeführt. Dazu diente eine Vorrichtung, wie sie schon RHUMBLER (1914, Fig. 2) benutzt hat. In einiger Entfernung vom linken Ende der Versuchszelle lag unter dieser eine Glaskapillare von ca. 0.2 mm Durchmesser. Über der Zelle ruhte auf vier Wachsfüßchen ein Stück dünnen Objektträgers, der durch passend montierte Schrauben auf die Zelle niedergepreßt werden konnte. Zugleich war das ganze Kompressorium so gebaut, daß man die Quetschstelle bei schwacher Vergrößerung unter dem Mikroskop beobachten konnte. Bei geringem Anziehen der Schrauben wurde die Zelle abgeplattet ohne jede weitere Störung. Das Chlorophyll blieb normal und die Strömung ging weiter. Bei stärkerem Druck wurde eine schmale Schicht des Ektoplasmas und das Chlorophyll in ihm getötet, und die Strömung konnte schließlich die Quetschstelle nicht mehr passieren, so daß sie in jeder Zellhälfte isoliert weiter ging. Die Ergebnisse solcher Versuche seien an einigen Beispielen geschildert.

1. Bei starker Abplattung der Zelle wird — 6 MVolt abgelesen; nach wenigen Sekunden wird statt dessen schon + 2 gefunden. Bei Verstärkung des Druckes 2 Min. später wieder — 6 und gleich darauf + 6; bei noch größerem Druck — 24 mm; gleich darauf + 16, + 36. Bei abermaligem Pressen reißt die Zellhaut auf, es wird noch — 6 und — 14 abgelesen, dann aber ist die ganze Zelle tot.

2. Bei Beginn der Pressung — 6 MVolt, dann — 8, als der Strom an der Quetschstelle nicht mehr passieren kann; diese Negativität steigt schließlich auf — 14, nachdem das Protoplasma und die Chloroplasten an der Quetschstelle getötet sind; auch jetzt tritt rasches Abfallen dieser Negativität auf. Nachdem aber dann das Deckglas gehoben war, die Zellwand elastisch auf ihre ursprüngliche Gestalt zurückkehren konnte, wurde — 30 MVolt erzielt. Langsamer Rückgang auf — 12.

3. Starke Pressung, die aber den Strom noch nicht ganz hindert: — 28. Nach lokaler Zerquetschung des Plasmas wird das Deckglas gehoben und — 106 MVolt abgelesen. Dieser Wert geht ganz langsam zurück.

Die Versuche zeigen, daß kleine Zerstörungen im Außenplasma zwar einen deutlichen, aber doch nur kleinen und vorübergehenden negativen Effekt haben. An sich sollte man erwarten, daß sie genau so wirkten wie ein Durchschneiden der Zelle. Da dies nun nicht zutrifft, muß man vermuten, daß beim Durchschneiden nicht nur die unmittelbare Schnittfläche alteriert wird, sondern daß zunächst einmal in der verletzten Zelle weitgehende Veränderungen des Protoplasmas erfolgen. Der Umstand, daß beim Nachlassen des Druckes oft erst der Haupteffekt der Quetschung sich geltend macht, macht es wahrscheinlich, daß die getöteten Plasmateile mit den lebenden erst jetzt in direkte Berührung kommen oder daß der Zellsaft jetzt erst an das Protoplasma kommt und es verändert. Indes zeigt ja die Fortleitung der Negativität auf die Nachbarzelle, daß auch im Protoplasma selbst Reizleitungen erfolgen müssen. Die Bezeichnung „Ruhestrom" für den Verletzungsstrom, wie er manchmal in der tierischen Physiologie gebraucht wird, ist wenig zweckmäßig. Denn offenbar wirkt die Verwundung nicht weniger als „Reiz", wie etwa ein elektrischer Schlag.

Die Erfahrung an der Einzelzelle wirft auch Licht auf den Verwundungseffekt bei pflanzlichen Geweben. Man kann wohl annehmen, daß hier die angeschnittenen oder zerquetschten Zellen direkt keine Rolle spielen. Die unmittelbar an sie grenzenden werden aber wohl einmal durch Reizleitung, dann aber auch durch den Zellsaft der getöteten, in ihrer Plasmahaut geschädigt und deshalb negativ elektrisch gegenüber weiter entfernt liegenden Geweben.[1]) Es ist ja bekannt, daß Quetschwunden an vielzelligen Geweben wirksamer sind als Schnittwunden und daß Äpfel, je saurer ihr Zellsaft ist, desto größeren Verwundungseffekt geben. Mit einem sehr bekannt gewordenen Versuch haben Loeb und Beutner gezeigt, daß beim allmählichen Aushöhlen eines Apfels das Potential lange ganz konstant bleibt, bis es schließlich, bei einer Dicke des Gewebes von 0.25 cm anfängt zu sinken. Nach der hier entwickelten Vorstellung findet dieser Versuch eine ganz andere Deutung als bei Beutner. Wenn der Einfluß der Verletzung auf die intakten Zellen einen gewissen Wirkungsradius hat, muß ja bei weitergehenden Gewebeabtragungen schließlich eine Dicke des Versuchsobjektes erreicht sein, wo alle Zellen schon affiziert sind; wenn dieser Zustand erreicht ist, muß das Potential sinken.

[1]) Die Vermutung, daß der Zellsaft verletzter Zellen die Plasmapermeabilität benachbarter unverletzter verändert, muß und kann nachgeprüft werden. Jedenfalls wird sie durch Versuche Beutners (1920, S. 133) nicht widerlegt, in denen gezeigt wird, daß außen an einem Apfel angebrachter Preßsaft kein Potentia von der Höhe des Verletzungsstromes gibt.

Daß die Plasmahautschicht den Zellsaft nicht ertragen kann, wird bei Valonia noch zu besprechen sein. Es wird jetzt auch verständlich, warum ein Einstich mit feiner Glasnadel so wenig Erfolg hat. Es seien zwei Versuche angeführt.

Die Stelle der Zelle, an der ein Einstich vorgenommen werden sollte, lag auf Paraffin auf. Die Nadel wurde durch die ganze Zelle durchgestoßen, so daß sie in die Unterlage eindrang. Unmittelbar nach dem Stich ergab sich — 4MVolt. Beim Herausziehen der Nadel stieg die Negativität auf 14 und dann auf 28 MVolt, um dann rasch zu sinken.

In einem zweiten Versuch wurde sofort nach dem Einstich — 14 gefunden, nach Wegnahme der Nadel — 18.

Wahrscheinlich würde man, wenn man mit feineren Elektroden ganz lokal von der Quetschstelle oder der Einstichstelle ableitete, sehr viel größere Potentialdifferenzen finden. Was aber im Protoplasma vorgeht, wenn sich ein Wundreiz über Zellen hinweg ausbreitet, das kann aus den bisherigen Versuchen nicht entnommen werden. Zweifellos ist jedoch die elektrische Untersuchung sehr geeignet, um die Ausbreitung und Dauer eines Wundreizes zu untersuchen. Schon jetzt kann man sagen, daß die Erfahrungen an mehreren Charazellen zeigen, daß ein Abwaschen der „Wundhormone" unmöglich zu einer völligen Aufhebung des Verwundungsreizes führen kann.

An die Verwundungserfolge kann wohl ein Versuch Hörmanns angeschlossen werden. Hörmann hat schon beobachtet, daß gewöhnlich an der einzelnen Internodienzelle von Nitella keine Potentialdifferenz nachzuweisen ist. Wird aber das eine Ende einer solchen durch Induktionsschläge gereizt, so zeigen sich benachbarte nicht gereizte Stellen der Zelle negativ gegen das noch weiter von der Reizstelle entfernte Ende der Zelle. Hier wird endlich auch der Erfolg der einseitigen Alkoholwirkung (S. 10) anzureihen sein (chemische Schädigung).

V. Rückblick.

Blickt man auf die mitgeteilten Versuche zurück, so zeigt sich, daß man an der Einzelzelle von Chara den Konzentrationseffekt, den Salzeffekt, den Effekt von Nichtelektrolyten und den Verwundungseffekt erhalten kann. Dem Sinne des Ausschlags nach besteht kein Unterschied gegenüber den Erfahrungen an Zellgewebe, Muskeln und Nerven, wohl aber in Beziehung auf Konstanz, Reversibilität und Reproduzierbarkeit. Allgemein zeichnen sich die bei Chara erhaltenen Werte nicht nur durch große individuelle Unterschiede aus, sondern auch dadurch, daß sie am Einzelindividuum so stark schwanken. Am besten konstant war bei den früher untersuchten Objekten der Konzentrationseffekt. Er wurde vor allem an Pflanzen mit starker Kutikula nachgewiesen, und es hat sich gezeigt, daß er hier auch am toten Objekt erhalten werden kann, sofern dieses Kutikula hat. Nach Entfernung der Kutikula läßt er sich aber am lebenden Gewebe auch noch finden, ist aber jetzt nicht mehr so konstant wie zuvor (BEUTNER 1920, S. 135). Konzentrationseffekte, die irgendwie mit der Plasmahaut zusammenhängen, sind offenbar viel weniger konstant als die durch die Kutikula (FUJITA) erzielten. An der Leber hat MATSUO Konzentrationseffekte von sehr geringer Größe, aber recht beträchtlicher Konstanz gefunden.

Was dann den Salzeffekt betrifft, so ist dieser in HÖBERS Versuchen an Muskeln einigermaßen, aber doch nicht so ganz konstant, und beim Verwundungseffekt wird ja überall angegeben, daß er ganz rasch abfällt. So hat schon HERMANN (1871, S. 159) geschrieben: „Die Wirksamkeit künstlicher Querschnitte ist meist sehr vergänglich, mag man nun das Stück an der Luft oder im Wasser aufbewahren. Oft ist schon nach wenigen Minuten der Strom nicht mehr vorhanden oder hat einem verkehrten Platz gemacht. Es gibt aber Fälle, wo er seine Negativität viele Stunden bewahrt."

Auf die Konstanz der elektromotorischen Kräfte pflegt besonderer Wert gelegt zu werden. So hat BEUTNER (S. 147) bei Besprechung eines Versuches von ROHONYI gesagt: „Schwerwiegender ist das Bedenken, daß die Werte, wie ROHONYI selbst angibt, nicht konstant sind. Das Sinken der Kraft — in ROHONYIS Modell — kennzeichnet den entscheidenden Unterschied gegenüber dem, was man bei Pflanzenteilen beobachtet. Die Tabelle auf S. 135 zeigt, daß die Kutikula völlig konstante Werte ergibt. An der unverletzten Oberfläche des Pflanzenteils wurde innerhalb von 10—17 Minuten nie ein Absinken beobachtet." An anderer Stelle, S. 135, fügt er noch hinzu, daß der Konzentrationsstrom an verletzten Geweben geringer und weniger konstant sei, und S. 54 sagt er, daß „nur die vollständig glatten Oberflächen von unverletzten Pflanzenteilen eine solche zeitliche Umkehrbarkeit zeigen. Verletzte Oberflächen, d. h. also z. B. geschälte Äpfel lassen auch einen gewissen Konzentrationseffekt erkennen, aber die Umkehrbarkeit ist nicht so vollkommen. Offenbar hängt dies damit zusammen, daß die unebene Oberfläche der Schnittebene die Flüssigkeit, die ihr einmal anhaftet, wie ein Schwamm festhält, es ist also nicht möglich, die ganze Phasengrenze mit einer neuen Lösung zu bespülen."

Wir kommen zu der Vorstellung, daß die Inkonstanz der Potentialdifferenzen gerade für das Protoplasma charakteristisch ist. Nun ist ja aber das Protoplasma nicht in dem Maße undurchlässig, wie man früher geglaubt hat. Besonders durchlässig ist es für Alkohol, Äther usw.,

Stoffe, von denen gezeigt wurde, daß die von ihnen anfänglich bewirkte Negativität rasch zurückkehrt. Unter den Salzen permeieren die Kalksalze nach den bisherigen Erfahrungen am schlechtesten, sie haben denn auch relativ konstante Werte ergeben, während K und Li leichter durchgehen und inkonstantere Werte ergaben. Eine vollkommene Parallelisierung meiner Versuche mit den bei KAHO zusammengestellten Permeabilitätserfahrungen läßt sich z. Z. freilich nicht durchführen, dazu ist das Material noch zu dürftig. Und noch weniger ist es möglich, Beziehungen festzustellen zu den Resultaten OSTERHOUTS (1923), der mit seiner besonderen Methode (Widerstandsmessung) fand, daß einwertige Kationen das Plasma permeabler machen, während zwei- und dreiwertige die Impermeabilität zuerst erhöhen und dann herabsetzen. Jedenfalls wird die Vorstellung, daß alle Potentialdifferenzen an der Zelle im letzten Sinne auf ungleicher Plasmapermeabilität beruhen, eine große innere Wahrscheinlichkeit haben.

VI. Valonia.

Valonia scheint wie geschaffen zur Untersuchung der Zellelektrizität. Einmal wegen Größe und Gestalt, sodann wegen des Baues ihrer Zellen. Die von mir in Neapel[1]) benutzten Zellen waren bei typischer Ausbildung etwa 17 mm lang und 8 mm breit, etwas birnförmig und mit dem schmalen, oft verzweigten Ende dem Substrat angeheftet. Von letzterem konnten sie in der Regel leicht und ohne Verletzung abgelöst werden, ebenso von den benachbarten Zellen, mit denen sie mehr oder weniger verwachsen. Vor allem scheinen sie durch ihren Bau geeignet. Die Zellwand ist derb, und es liegt ihr eine Protoplasmahaut von ungewöhnlich geringer Dicke an, die viele Chloroplasten und Kerne umschließt und für gewöhnlich keinerlei Bewegung zeigt. Wird die Zelle etwa in der Mitte quer durchschnitten, so bleibt das Protoplasma der Zellwand angelagert, bis von seinem Rand aus die von Klemm (1894) studierte Restitution einsetzt. Auch während dieser erkennt man, wie wenig flüssig die Hauptmasse ist, wie sie wirklich eine Haut ist, die sich in Falten legen kann. Und dieses Protoplasma umschließt einen Zellsaft, den man leicht durch Anstechen der Zelle und Auspressen fast frei von Plasmateilen gewinnen kann. So hat das Objekt schon lange dazu gereizt, diesen Zellsaft zu analysieren, und bereits A. MEYER

[1]) Der Notgemeinschaft der deutschen Wissenschaft und dem Ministerium des Kultus und Unterrichts in Karlsruhe habe ich bestens zu danken, daß sie mir einen Aufenthalt an der zoologischen Station zu Neapel ermöglicht haben. Der Direktion dieser Anstalt fühle ich mich für die stete Unterstützung meiner Arbeit zu großem Dank verpflichtet.

(1891) hat konstatiert, daß er sich vom Meerwasser sehr tiefgehend unterscheidet, indem er fast kein Na führt, dagegen große Mengen von K.

HANSEN (1893) hat das im wesentlichen bestätigt und OSTERHOUT (1925) hat eine genaue Analyse dieses Saftes ausgeführt. Ich teile seine Resultate hier mit. Sie erhalten erst ihre besondere Bedeutung, wenn man sie vergleicht mit der Analyse einer Halycystis (OSTERHOUT und DORCAS 1925), die in ihrem ganzen Habitus so sehr an Valonia erinnert, daß sie zuerst für eine solche gehalten wurde.

	Cl—Br	Na	K	Ca	Mg	SO_4	Org. Subst.
Seewasser	100.0	85.87	2.15	2.05	9.74	6.26	—
Valonia macrophysa	100.0	15.08	86.24	0.29	Spur	Spur	1.43
Halicystis ventricosa	100.0	92.80	2.58	1.36	2.49	Spur	2.09

Während bei Halicystis K und Na annähernd im gleichen Verhältnis wie im Seewasser vorhanden ist, enthält Valonia statt 86 % nur 15 % Na, aber statt 2 % K 86 %. Die dünne Protoplasmahaut verwehrt also dem Na stark den Eintritt und führt zu einer enormen Speicherung des K, somit ist sie innen und außen von ganz verschiedenen Lösungen bespült, und diese Verschiedenheit wird noch dadurch vergrößert, daß der Zellsaft sauer reagiert; seine H-Ionen-Konzentration ist ungefähr 100mal so groß wie die des Meerwassers (OSTERHOUT 1925, S. 584). Bemerkenswerterweise ist nun aber trotz der geringen Dicke die Innenseite der Plasmahaut von der Außenseite physiologisch total verschieden, denn OSTERHOUT (1925) hat gezeigt, daß die Einwirkung des Vakuolensaftes auf die äußere Seite der Plasmahaut Schädigung und Tod der Zelle herbeiführt.

Es ist klar, daß der Vakuolensaft durch seinen Gehalt an Säuren und an K negativierend auf die Plasmahaut einwirken muß. Somit sollte, wenn man ohne Zerstörung der Plasmastruktur eine Elektrode in das Zellinnere bringen kann und von dieser und von außen ableitet, eine nennenswerte Potentialdifferenz gefunden werden, deren Positivität außen sitzt.

Nun erträgt ja Valonia Einstiche und gröbere Verletzungen in geradezu wunderbarer Weise. Hält man eine Zelle zwischen Daumen und Zeigefinger und sticht oben mit einer Nadel in sie, so kann man leicht den Eindruck gewinnen, als sei die Haut stark gespannt und kontrahiere sich beim Anstechen, denn es spritzt gewöhnlich ein Strahl Flüssigkeit aus der Zelle.[1]) Vermeidet man aber jeden Druck der halten-

[1]) KLEMM 1894, S. 30 schreibt: „Sticht man eine Valonia an, so wird ein Teil des Saftes mit großer Gewalt ausgespritzt und der Turgor der ursprünglich außerordentlich prall gespannten Blase schwindet.“

den Finger und sticht mit einer sehr scharfen Nadel die Zelle an, so verliert sie nur minimale Flüssigkeitsmengen. Auch beim Herausziehen der Nadel strömt nicht etwa Saft aus, denn an der Wunde hat sich offenbar sofort ein Gerinnungsprodukt gebildet, das den Einstich verschließt, wie es von Küster (1899) für Bryopsis beschrieben worden ist. Jetzt kann man ziemlich kräftig auf die Zelle drücken, ohne daß Saft austritt; schließlich freilich spritzt er in hohem Strahl heraus. Wie wenig Saft bei vorsichtigem Anstechen verlorengeht, zeigen folgende Wägungen, die an Zellen ausgeführt wurden, einmal unmittelbar nach dem Abtrocknen mit Filtrierpapier, dann nach Anstechen und sehr vorsichtiger Wegnahme der etwa austretenden Flüssigkeit:

Gewicht in mg	vor	nach Anstich
Zelle 1	490	460
„ 2	385	380
„ 3	270	269

Valonia hat also einen sehr geringen Turgordruck, und das hängt damit zusammen, daß der osmotische Wert seines Zellsaftes sich nicht wesentlich vom Meerwasser unterscheidet. A. Meyer hat aus seiner Analyse den Schluß gezogen, daß Valonia einen geringeren osmotischen Wert, $^2/_3$ des Salpeterwertes, hat als das Meerwasser, und findet das unerklärlich (S. 79). Ich habe Versuche gemacht, den osmotischen Wert des Valoniazellsaftes plasmolytisch festzustellen. Meerwasser und Zellsaft der Valonia wurden in gleicher Weise mit Wasser verdünnt und nun bestimmt, bei welcher Konzentration die Zelle von Rhoeo discolor plasmolysiert wurde. Es zeigte sich, daß 19 % Meerwasser isosmotisch waren mit 17.5 % Valoniasaft; in einem zweiten Versuch wurde kein Unterschied zwischen beiden gefunden. Es hat sich also in der Tat ergeben, daß der Zellsaft einen wenig höheren oder den gleichen osmotischen Wert wie das Meerwasser hat. Die Molenkonzentration des Meerwassers in Neapel kann zu 0.6 angenommen werden. Dann wäre der Zellsaft in dem einen Fall, wo er im Verhältnis 17.5 : 19 höher konzentriert als Seewasser gefunden wurde = 0.648 mol zu setzen. D. h., es ergäbe sich eine Differenz des osmotischen Wertes des Zellsaftes gegen das Meerwasser von 0.048 mol. Dagegen hat nach Kotte (1914) eine gewöhnliche Meeresalge einen Überschuß von 0.5 mol und mehr gegenüber dem Außenmedium.

Nach dieser Vorbemerkung kehren wir nun zu der Hauptfrage zurück. Osterhout (1925, S. 563) war der erste, der eine Elektrode durch Einstich in die Zelle einführte; er benutzte dazu eine mit Valoniasaft gefüllte Kapillare. Die Basis der Zelle befand sich in Seewasser, an das die andere Elektrode angesetzt wurde. Wir sahen oben, daß in der intakten Zelle die Negativität auf der Innenseite liegen müßte. Diese Negativität müßte durch die Verwundung noch gesteigert werden. Statt dessen fand aber OSTERHOUT nie eine größere Differenz als 1 bis 2 Millivolt, ohne anzugeben, wo die Negativität lag.

Trotz dieses negativen Erfolges eines so ausgezeichneten Forschers schien es mir nützlich, diese Versuche zu wiederholen. Mein Gedanke war, daß vielleicht ein wirkliches Einheilen der als Elektrode dienenden Kapillare abgewartet werden müsse. Es wurden eine Anzahl gesunder Valoniapflanzen mit Kapillaren angestochen, die mit durch Agar gefestigtem Meerwasser gefüllt waren. Kapillare und Zelle wurden durch eine Gipsbrücke verbunden, die der Kapillare eine feste Lage gewährleistet, ohne die Zelle ganz zu umschließen. Eine Anzahl solcher Zellen blieb am Leben und sah nach fünf Tagen gesund aus. Doch sind die Nadeln keineswegs fest eingeheilt, lassen sich vielmehr leicht herausnehmen. Eine nennenswerte Potentialdifferenz habe ich ebensowenig wie OSTERHOUT gefunden: —2 oder —3 MVolt für die unverletzte Basis, also einen Wert, der nicht nur sehr klein war, sondern auch in der verkehrten Richtung lag.

Es wurde nun versucht, einen Konzentrationseffekt an der intakten Zelle nachzuweisen. Zu dem Zweck waren am besten unregelmäßig gewachsene Valoniazellen zu brauchen, die so stark gekrümmt waren, daß man die beiden Enden in die Vertiefungen zweier Glasklötze mit Hohlschliff, wie sie zu Färbereizwecken hergestellt werden, legen konnte. Nachdem zuerst in beide Glasklötze Seewasser eingebracht war, in das die Elektroden tauchten, wurde dies einseitig durch eine Mischung von Seewasser und Leitungswasser zu gleichen Teilen ersetzt. Jetzt traten traten freilich Potentialdifferenzen auf, aber in 14 Versuchen zeigte genau die Hälfte positiven, die andere Hälfte negativen Ausschlag für die konzentrierte Seite.

Entsprechend wurde auch der Salzeffekt geprüft, indem einseitig statt Meerwasser KCl 0.6 mol zur Wirkung kam. Das Elektrometer gab + 2 MVolt für das Seewasser an. Dieser Ausschlag blieb unverändert, als statt Seewasser 0.6 NaCl eingefüllt war. Also auch diese Versuche führten zu gänzlich negativen Resultaten.

Es wurde dann zu groben Verwundungen übergegangen. Die Zelle wurde bis auf eine kleine hervorschauende Spitze eingegipst. Nach Erhärtung des Gipses läßt sich diese Spitze mit scharfem Schnitt abheben. Unmittelbar nach Ausführung des Schnittes wurde dann die eine Elektrode in die Vakuole eingeführt, die andere in das Seewasser, in dem die Basis der Zelle stand. Das Resultat blieb das gleiche negative wie bei den Einstichversuchen. Dabei wird ja das restierende Plasma durch Abtrennen der Spitze nicht sichtbar geschädigt und, wie KLEMM gezeigt hat, kann vollkommene Heilung solcher großen Schnittwunden eintreten, indem sich zuerst das Plasma lückenlos zusammenschließt und später auch noch eine Membran ausscheidet.

Auch ein Kochen der Spitze oder ein Ansengen mit glühender Nadel führte keine Negativität herbei.

Alle Eingriffe also, die bei Chara so leicht Potentialdifferenzen erzeugen, sind bei Valonia so gut wie vollkommen wirkungslos. Da beide Zellen im Prinzip gleichen Bau haben, mußte die Ursache ihres so verschiedenen Verhaltens anderswo gesucht werden. Aller Wahrscheinlichkeit nach lag sie darin, daß die Zellhaut der Valonia von gut leitendem Meerwasser, die der Chara von schlechter leitendem Leitungswasser durchtränkt war. So mußte auch, wenn die gleiche Potentialdifferenz an den Zellenden gegeben war, sich diese nur zum kleinsten Teil im Elektrometer nachweisen lassen, weil durch die Zellmembran hindurch ein Nebenschluß erfolgte. Dementsprechend zeigte sich denn auch bei Verwendung anderer Meeresalgen ebenfalls ein Ausbleiben des Konzentrationseffektes. Bei Gracillaria confervoides war zwar bei Konzentrationsversuchen ein etwas größerer Ausschlag zu messen, bei Ulva gar keiner.

Es wurde nun versucht, die Salze aus der Membran auszuspülen. Die Zellen blieben über Nacht in einer Schale mit 1.0 mol Harnstoff. Am nächsten Morgen kamen sie auf der einen Seite mit gewöhnlichem Meerwasser, auf der andern mit stark verdünntem Meerwasser (etwa 1 %) in Berührung — jetzt wurde in vier Fällen von fünf die konzentrierte Seite negativ gefunden und gab Werte von —18, —18, —18, —22 MVolt. In einem Fall, der nicht aufgeklärt ist, wurde freilich + 16 MVolt gefunden.[1]) Zucker statt Harnstoff gab schlechte Resultate; Valonia litt in Rohrzuckerlösungen viel mehr als in Harnstoff, auch nachdem das destillierte, offenkundig giftige Wasser durch doppeltdestilliertes und durch Leitungswasser ersetzt worden war.

Die Versuche mit dem Salzeffekt blieben aber auch an solchen Zellen unsicher. Einige Male wurde freilich zwischen gleichkonzentrierter NaCl- und KCl-Lösung die Na-Seite deutlich positiv (+ 18, + 3, + 10, + 8 MVolt), in andern aber trat auch das umgekehrte Resultat auf, und manchmal zeigte sich schon primär an solchen Zellen eine Potentialdifferenz. Auch Harnstoff ist eben schädlich für die Zelle und führt bei längerer Einwirkung zum Tod, bei kürzerer treten leicht Potential-

[1]) Vgl. Anm. 1 S. 13.

differenzen zwischen den Teilen der Zellen auf. Wurde absichtlich nur ein Teil der Zelle in Harnstoff eingetaucht, so war dieser stets negativ gegen den intakten Teil.

Schließlich wurden mit Harnstoff vorbehandelte Zellen einseitig mit glühender Nadel berührt. Es konnte keine Potentialdifferenz erhalten werden. Ebenso negativ verlief auch folgender Versuch: nach Harnstoffbehandlung wurde die Zelle gut abgetrocknet, mit Hilfe von Lanolin in das Loch einer Korkscheibe eingedichtet, die dann auf Meerwasser schwamm. Es gelang so, das Meerwasser von dem oberen Teile der Zelle abzuhalten. Nach Einstich einer Kapillarelektrode in die Spitze ergab sich keine Potentialdifferenz. Es kann nicht gesagt werden, ob der Harnstoff wirklich die erwartete Wirkung voll hatte. Auch weiß man ja nicht, ob etwa auch das äußere Protoplasma vom Meerwasser durchtränkt ist. Aus ihm würden dann gewiß die Salze nicht ohne Schädigung entfernt werden können.

VII. Die wichtigsten Ergebnisse.

An der Zelle von Chara coronata kann man 1. durch ungleiche Konzentration desselben Salzes, 2. durch verschiedene Salze in gleicher Konzentration, 3. durch einseitige Einwirkung von Alkohol, 4. durch Verwundung elektrische Potentialdifferenzen von manchmal recht beträchtlicher Höhe hervorrufen. Wie bei vielzelligen Geweben, wird die an die konzentriertere Lösung anstoßende Stelle oder die verwundete oder die mit Alkohol behandelte negativ. Was die Salzwirkung anlangt, so dürfte diese wohl den von Höber für Muskeln aufgestellten Reihen folgen; jedenfalls hat K mehr negative Wirkung als z. B. Natrium, Rhodanate wirken mehr positiv als Sulfate.

Alle diese Effekte sind bei verschiedenen Zellen ungleich groß und sie haben auch bei einer bestimmten Zelle zeitlich keine große Konstanz und sind nicht in dem Maße reversibel und reproduzierbar, wie etwa der Konzentrationseffekt an Ölen oder an Äpfeln. Das hängt zweifellos damit zusammen, daß eben das Protoplasma hier die wirksame Membran abgibt, und daß dieses seine Permeabilität außerordentlich leicht ändert. Wenn man bisher gerade die Konstanz der Potentiale als besonders wichtig und charakteristisch für die bioelektrischen Potentiale betrachtet hat, so lag das daran, daß die betreffenden Versuche an Pflanzenteilen mit derber Kutikula ausgeführt worden sind, wo dann eben diese tote Haut die Rolle der Membran gespielt hat. Zweifellos sind aber die an der Plasmahaut sich abspielenden elektrischen Vorgänge von größerem Interesse. Sie versprechen auch manchen Aufschluß in Fragen der Plasmapermeabilität.

Der Verwundungseffekt ist an der Einzelzelle ohne weiteres nicht nachweisbar, weil beim Zerschneiden offenbar das Protoplasma der ganzen Zelle nicht nur an der Wundstelle in seiner Struktur zerstört wird. Nach Einlegen in Zuckerlösung von etwa 10 % kann man aber ein Negativwerden der Schnittstelle gut beobachten. Es ist sehr auffallend, daß das Zerquetschen einer schmalen Strecke in der Zelle einen sehr viel geringeren Effekt gibt als das Durchschneiden. Viel leichter als an einer, ist die Verwundungswirkung an zwei oder mehr Zellen zu zeigen. Von der verletzten oder zerstörten Zelle geht eine Reizwirkung zu der intakten. Aus diesen Tatsachen werden dann Schlüsse gezogen für den Verwundungseffekt an Geweben.

Die Zelle von Valonia, die ganz besonders geeignet erscheint für elektrische Untersuchungen, ist dies tatsächlich gar nicht. Keiner der bei Chara beobachteten Effekte ließ sich bei ihr beobachten. Sicher hängt das z. T. wenigstens damit zusammen, daß ihr Zellsaft mit Meerwasser inbibiert ist, das so ausgezeichnet leitet. Nach Auswaschen der Salze mit Harnstoff ließ sich denn auch wenigstens ein Konzentrationseffekt nachweisen. Ob nun dieses Auswaschen ein unvollständiges war oder ob noch andere Umstände hinzukommen, ist unbekannt; jedenfalls gelang der Verwundungseffekt auch an den mit Harnstoff behandelten Zellen nicht.

Literaturverzeichnis.

BERNSTEIN, 1912, Elektrobiologie. Braunschweig (Die Wissenschaft 44).
BEUTNER, 1920, Die Entstehung elektrischer Ströme in lebenden Geweben. Stuttgart.
BRÜNINGS, 1903, Archiv für Physiologie 98. 241.
ETTISCH und PETERFI (1925), Archiv für Physiologie 208. 467.
FUJITA, 1925, Biochemische Zeitschrift 158. 11.
HAAKE, 1892, Flora 75. 455.
HANSEN, 1893, Mitteilungen der Zoologischen Station zu Neapel 11. 255.
HERMANN, 1871, Archiv für Physiologie 4. 155.
HÖBER, 1905, Archiv für Physiologie 106. 599.
HÖBER, 1926, Physikalische Chemie der Zelle und der Gewebe, 6. Auflage. Leipzig.
HÖRMANN, G., 1898, Studien über die Protoplasmaströmung bei den Characeen. Jena.
JOST, 1926, Biochemische Zeitschrift 179. 400.
KAHO, 1926, Ergebnisse der Biologie 1. 382.
KLEIN, 1898, Ber. bot. Gesellschaft 16. 337.
KLEMM, 1894, Flora 78. 19.
KOTTE, 1914, Wiss. Meeresuntersuchungen N. F. 17. Abt. Kiel. S. 119.
KUNKEL, 1878, Arbeiten Würzb. bot. Institut 2. 1.
KÜSTER, 1899, Ber. d. bot. Ges. 17. 81.
MATSUO, 1923, Archiv für Physiologie 200. 132.
MEYER, A., 1891, Ber. d. bot. Gesellschaft 9. 77.
MICHAELIS, 1926, Praktikum der physikal. Chemie, 3. Auflage.
NAGEL, Handbuch der Physiologie, Bd. 4.
OSTERHOUT, 1922—23, Journal of gen. phys. 5. 225.
OSTERHOUT, 1923, Injury Recovery and Death. Philadelphia and London.
OSTERHOUT, 1925, Journ. gen. phys. 7. 56 und 561.
OSTERHOUT, 1927, Some fundamental Problems of cellular physiology. New Haven.
OSTERHOUT & DORCAS, 1925, Journal gen. phys. 5, 633.
RHUMBLER, 1914, Ergebnisse der Physiologie 14. 495.
STRAUB, 1902, Arch. exp. Pathologie und Physiologie 48. 1.
TSCHERMAK, 1924, Allgemeine Physiologie, Bd. 1. Berlin.
VERWORN, 1901, Allgemeine Physiologie, 3. Auflage. Jena.
WALLER, 1901, Proc. physiol. Soc. Journal of physiol. 27. XXV.

FSC
www.fsc.org
MIX
Papier | Fördert gute Waldnutzung
FSC® C083411

Kolibri 360 GmbH
Ferdinand-Jühlke-Straße 7
99095 Erfurt, Deutschland
produktsicherheit@kolibri360.de